Ana Somarriba
Carlos Jacomino

A nova arte de criar

Ana Somarriba
Carlos Jacomino

A nova arte de criar

Como a IA redesenha o design gráfico

ScienciaScripts

Imprint
Any brand names and product names mentioned in this book are subject to trademark, brand or patent protection and are trademarks or registered trademarks of their respective holders. The use of brand names, product names, common names, trade names, product descriptions etc. even without a particular marking in this work is in no way to be construed to mean that such names may be regarded as unrestricted in respect of trademark and brand protection legislation and could thus be used by anyone.

Cover image: www.ingimage.com

This book is a translation from the original published under ISBN 978-613-9-46888-1.

Publisher:
Sciencia Scripts
is a trademark of
Dodo Books Indian Ocean Ltd. and OmniScriptum S.R.L publishing group

120 High Road, East Finchley, London, N2 9ED, United Kingdom
Str. Armeneasca 28/1, office 1, Chisinau MD-2012, Republic of Moldova, Europe
Managing Directors: Ieva Konstantinova, Victoria Ursu
info@omniscriptum.com

Printed at: see last page
ISBN: 978-620-8-52714-3

Prólogo

Entrar em *The New Art of Creating: How AI Redraws Graphic Design* é muito criatividade e tecnologia. Este livro convida designers, estudantes e criativos a fazer mais do que ler um livro: é embarcar numa viagem que redefine a relação entre todas as disciplinas para refletir e agir perante a revolução digital liderada pela inteligência artificial (IA). O que significa ser designer nesta nova era? A IA é uma ameaça ou uma ferramenta para expandir as nossas possibilidades criativas?

Nas suas páginas, encontrará uma análise rigorosa e acessível do modo como a IA está a transformar a dinâmica do design gráfico. Desde uma breve história da sua evolução até ferramentas concretas, como o Adobe Sensei e o DALL-E, que estão a permitir um design com maior velocidade e precisão. Aprenderá a automatizar tarefas, a explorar novas possibilidades visuais e a personalizar experiências para públicos específicos.

Além disso, o livro aborda corajosamente as questões mais difíceis: como é que a IA afecta a criatividade humana, que papel deve o designer assumir quando as máquinas geram opções a uma velocidade sem precedentes e qual é o papel do designer quando as máquinas geram opções a uma velocidade sem precedentes? Reflecte também sobre questões éticas, como os direitos de autor e a responsabilidade social, que são essenciais num ambiente digital cada vez mais complexo.

Este livro não é apenas um guia técnico, é um manifesto para aqueles que acreditam que a criatividade humana continua a ser insubstituível, mas pode ser potenciada pela colaboração com a tecnologia. Se está pronto para descobrir como a IA pode desbloquear o seu potencial criativo e redesenhar o futuro do design, então este livro é para si. Bem-vindo à nova era da criação!

Índice

Capítulo 1: O que é a IA e qual a sua importância no design gráfico?

Breve história da IA no design

É possível que uma máquina tenha criatividade? Esta tem sido uma questão O recurso à inteligência artificial (IA) tem sido recorrente desde que a inteligência artificial (IA) começou a intervir em processos anteriormente considerados do domínio exclusivo do ser humano, como o design gráfico.

A IA passou de uma promessa futurista para uma realidade que tem impacto na forma como concebemos, automatizamos tarefas e democratizamos o acesso a ferramentas criativas avançadas. "A inteligência artificial permite que os sistemas apresentem um comportamento inteligente, analisando o seu ambiente e actuando no futuro medidas para atingir objectivos específicos" (Lazo Altamirano, Condori Quispe, & Abarca Rojas, 2024, p. 100). Esta capacidade da IA para assumir funções criativas levanta questões e, por sua vez, abre oportunidades insuspeitas na indústria do design.

A incursão da IA no design tem desafiado as noções tradicionais de criatividade, redefinindo a relação entre humanos e máquinas (Abadía, 1986; Lazo Altamirano et al., 2024). Este capítulo explora a forma como a IA está a moldar esta relação, ao mesmo tempo que oferece uma análise detalhada das suas aplicações práticas e do seu impacto ético e técnico no design gráfico.

A inteligência artificial (IA) é definida como o conjunto de sistemas e tecnologias concebidos para realizar tarefas que tradicionalmente exigiriam a intervenção humana, incluindo a aprendizagem, o raciocínio e a resolução de problemas (Pérez & Ramírez, 2023). No design gráfico, a IA transcendeu o seu papel de ferramenta de apoio técnico, posicionando-se como colaboradora nos processos criativos. A sua capacidade de analisar padrões e gerar propostas personalizadas torna-a um recurso indispensável num mercado onde a rapidez e a inovação são fundamentais.

A inteligência artificial (IA) revolucionou vários sectores, e o design gráfico está no epicentro desta transformação. Desde a década de 1950, quando surgiram os primeiros conceitos de IA, a tecnologia evoluiu de um projeto teórico para uma ferramenta prática com impacto em vários sectores. No design gráfico, a IA permite tanto a automatização de tarefas técnicas como a geração de conteúdos visuais a uma velocidade e escala sem precedentes. A IA não só promete aumentar a eficiência, como também levanta questões profundas sobre a criatividade e o papel humano num campo historicamente artístico e subjetivo (Abadía, 1986; Lazo Altamirano, Condori Quispe, & Abarca Rojas, 2024).

Os conceitos iniciais de IA foram desenvolvidos pelo matemático britânico Alan Turing na década de 1950, que sugeriu que uma máquina poderia ser considerada "inteligente" se conseguisse imitar com êxito as respostas humanas em situações de comunicação. Esta ideia, conhecida como Teste de Turing, lançou as bases para a futura investigação em IA e permitiu o desenvolvimento de sistemas capazes de processar e analisar grandes volumes de dados. Hoje em dia, embora a IA ainda não tenha atingido o nível de sofisticação e autonomia que Turing imaginou, as suas aplicações na geração de conteúdos visuais e na análise de padrões de design são a prova do seu valor na indústria gráfica (Lazo Altamirano et al., 2024).

O percurso da IA no design gráfico começou na década de 1960, quando os primeiros sistemas informáticos permitiram a criação de gráficos básicos a preto e branco. Estes primeiros desenvolvimentos representaram a base para futuras inovações no design digital. Embora as capacidades destes sistemas fossem limitadas, mostraram o potencial da tecnologia para transformar a criatividade visual (Schwartz, 2021).

Os avanços no software durante a década de 1990, como o lançamento do Adobe Photoshop e do CorelDRAW, marcaram uma mudança fundamental no design gráfico digital. Estas ferramentas ofereciam edições complexas e personalização avançada de imagens, integrando funcionalidades automáticas como a correção de cor e filtros de imagem. Embora estes processos não fossem orientados para a IA no sentido moderno, lançaram as bases para a utilização de ferramentas inteligentes no design (González, 2020).

O que pode a IA fazer no design?

Atualmente, a IA estabeleceu-se como um parceiro criativo. Ferramentas como o Adobe Sensei e o Runway ML permitem a geração de conteúdos optimizados para públicos específicos, adaptando-se ao comportamento dos utilizadores e gerando gráficos, padrões e efeitos visuais que anteriormente exigiam um trabalho manual considerável (Adobe, 2022). A IA permite que os designers experimentem sem restrições, explorando combinações visuais com rapidez e precisão.

Esta revolução é visível na utilização de ferramentas como o DALL-E e o Midjourney, que permitem aos designers gerar imagens de alta qualidade com base apenas em descrições textuais. Um exemplo concreto é a utilização do DALL-E em campanhas publicitárias: com uma instrução simples, como "uma cena tranquila de uma cidade ao nascer do sol, com um tom sonhador", o sistema pode criar várias opções que correspondem a essa descrição. Isto significa que o designer pode visualizar rapidamente diferentes conceitos sem a necessidade de criar esboços manuais ou passar horas em programas de edição. De acordo com Santos Tapia (2024), a IA facilita "a experimentação visual rápida sem os elevados custos de tempo que caracterizam o design manual" (p. 87). Esta velocidade e adaptabilidade tornaram a IA uma ferramenta indispensável para os designers modernos que procuram melhorar a eficiência sem sacrificar a qualidade.

Atualmente, a IA não só apoia a automação, como também impulsiona a inovação visual. Desde a criação de gráficos complexos em segundos até à personalização de desenhos para diferentes públicos, esta tecnologia revolucionou o fluxo de trabalho dos designers, permitindo-lhes explorar novas fronteiras criativas, optimizando simultaneamente o tempo e os recursos (Wilson, 2023).

Uma das utilizações mais comuns e práticas da IA no design gráfico é a edição de imagens. Os algoritmos de IA podem agora identificar e corrigir elementos específicos numa imagem, como o ajuste automático da cor, da iluminação e do contraste. Ferramentas como o FaceApp e o Photoshop implementaram algoritmos que, utilizando redes neuronais convolucionais, podem retocar rostos, remover fundos e restaurar imagens com uma precisão espantosa (González, 2020). Esta capacidade não só poupa tempo, como também permite efetuar edições avançadas sem exigir grandes competências técnicas.

No entanto, a revolução da IA no design gráfico não se limita à geração de imagens. Outro aspeto inovador é a sua capacidade de otimizar e personalizar elementos visuais em tempo real. O Adobe Sensei, a IA integrada na Adobe Creative Cloud, permite ajustes automáticos de iluminação, cor e contraste numa imagem, e até sugere combinações de fontes e estilos, ajudando os designers a tomar decisões estéticas informadas em segundos (Martínez, Dennis, Cáceres, Gutiérrez, & Quiroz, 2023). Este nível de automatização é crucial em sectores de ritmo acelerado, como a publicidade digital e as redes sociais, onde os prazos de entrega são curtos e a qualidade tem de ser elevada.

Para além da automatização, a IA actua como um "assistente criativo", sugerindo ideias e soluções com base em dados históricos e tendências actuais. Isto ajuda os designers a ultrapassar bloqueios criativos, explorando novas combinações visuais de forma rápida e eficiente (Taylor & Green, 2022).

Além disso, a IA oferece a possibilidade de adaptar os desenhos a públicos específicos. No passado, os designers tinham de criar variações manuais para diferentes públicos, o que era um processo moroso e laborioso. Atualmente, graças à IA, a mesma peça pode ser automaticamente personalizada para diferentes segmentos de público, um processo conhecido como "design gráfico adaptativo" (Lazo Altamirano et al., 2024). Esta abordagem permite que cada desenho se adapte às preferências de cor, estilo e composição do seu público-alvo, maximizando o impacto e o alcance da comunicação visual.

Também permite aos designers gerar automaticamente gráficos, logótipos e padrões personalizados. Ferramentas como o Canva e o Looka utilizam algoritmos para analisar as preferências visuais e criar logótipos e gráficos adaptados aos estilos específicos de cada utilizador (Rosenberg, 2021). Estes programas automatizam o processo de design, gerando múltiplas opções visuais que estão alinhadas com os princípios tradicionais de design, mas adaptadas às preferências do utilizador, poupando tempo e estimulando a criatividade.

A inteligência artificial é definida como uma disciplina da ciência da computação que se centra na criação de sistemas capazes de realizar tarefas que, no passado, só podiam ser executadas por seres humanos.

Embora a IA atual não tenha a "consciência" ou a "criatividade" que caracteriza o intelecto humano, a sua capacidade de analisar dados, aprender com padrões e gerar soluções complexas transformou profundamente muitos domínios, incluindo o design gráfico. Nas palavras de Abadía (1986), a IA tem

"consiste em sistemas que exibem caraterísticas associadas à inteligência humana, como a aprendizagem, o raciocínio e a resolução de problemas" (p. 1). A evolução desta tecnologia permitiu que se tornasse uma ferramenta quotidiana para milhões de pessoas, alargando as suas aplicações aos níveis industrial, educativo e criativo.

O design gráfico beneficiou muito com os avanços da IA, nomeadamente devido à sua capacidade de democratizar ferramentas avançadas que anteriormente só estavam disponíveis para especialistas. Por exemplo, plataformas como o Canva e o Crello oferecem a utilizadores inexperientes a possibilidade de conceber gráficos apelativos utilizando funcionalidades assistidas por IA que optimizam as combinações de cores, tipos de letra e estilos. Em vez de exigir conhecimentos avançados, os utilizadores podem selecionar opções predefinidas que foram optimizadas pela IA para satisfazer critérios estéticos e funcionais. De acordo com Santos Tapia (2024), esta acessibilidade "transforma o design gráfico, tornando-o acessível e adaptável a qualquer pessoa, independentemente da sua formação" (p. 85).

Para além de democratizar o design, a IA levantou novas questões sobre o valor do design gráfico num contexto em que qualquer pessoa pode criar conteúdos visuais de alta qualidade. Onde se enquadra o papel do designer profissional num mundo em que as ferramentas de IA tornam o design gráfico mais fácil para o utilizador comum? Enquanto alguns no sector temem que a IA possa deslocar os designers, outros acreditam que a IA complementa e melhora as suas competências em vez de as substituir.
Martinez et al. (2023) referem que "a IA permite que os designers se concentrem na criatividade e na mensagem, deixando as tarefas repetitivas para os algoritmos" (p. 518), o que redefine o papel do designer na era digital.

Um dos aspectos mais fascinantes da IA no design gráfico é a sua capacidade de transformar todas as fases do processo criativo, desde a inspiração inicial até à produção final. No passado, um designer podia passar dias ou semanas a experimentar diferentes combinações de cores, tipos de letra e composições. Atualmente, a IA permite que grande parte deste trabalho seja feito automaticamente, acelerando significativamente o fluxo de trabalho e facilitando a experimentação visual (Santos Tapia, 2024).

Longe de deslocar o designer, a IA está a emergir como um colaborador criativo. De acordo com Wilson (2023), a IA deve ser entendida como um "catalisador da criatividade", fornecendo sugestões, automatizando tarefas repetitivas e expandindo as possibilidades visuais. Ferramentas como o Adobe Sensei não substituem a intervenção humana, mas melhoram a capacidade do designer para experimentar ideias que anteriormente seriam inviáveis devido a restrições de tempo ou de recursos.

Um aspeto menos explorado, mas igualmente fascinante, é o papel da IA como fonte de inspiração para os designers. Em vez de se limitar a gerar conteúdos finais, a IA pode sugerir ideias iniciais que servem de ponto de partida para projectos mais elaborados. De acordo com Taylor e Green (2022), as ferramentas de IA actuam como "assistentes criativos", ajudando os designers a ultrapassar bloqueios criativos através da geração de propostas inovadoras baseadas em tendências actuais e dados históricos.

Uma questão recorrente é se a IA pode ser considerada criativa no sentido humano. De acordo com Pérez e Ramírez (2023), a criatividade algorítmica baseia-se na combinação de padrões e dados existentes, o que permite gerar resultados originais, mas não necessariamente inovadores em termos humanos. Por exemplo, ferramentas como o DALL-E podem produzir imagens únicas com base em descrições textuais, mas a sua criatividade é limitada pelos dados com que foi treinado.

A verdadeira criatividade, defende Veritas (2023), reside na capacidade do designer para interpretar e aperfeiçoar as propostas geradas pela IA, acrescentando um contexto cultural e emocional que as máquinas não conseguem compreender.

A IA tornou o design gráfico mais acessível do que nunca. Plataformas como o Canva permitem que pessoas sem conhecimentos técnicos criem gráficos profissionais utilizando funcionalidades assistidas por IA. Estas ferramentas democratizam o design, mas também levantam questões sobre o papel do designer profissional.

Embora esta acessibilidade possa levar a um aumento da concorrência, também oferece uma oportunidade para os designers se diferenciarem através da qualidade e da inovação. De acordo com Fernandez e Lopez (2023), os designers que adoptam a IA como uma extensão das suas competências podem oferecer um valor único num mercado saturado de conteúdos genéricos.

Apesar dos seus avanços, a IA tem limitações significativas. Falta-lhe intuição, empatia e contexto cultural, competências essenciais para criar projectos que ressoem junto do público. De acordo com Rodriguez (2022), a IA pode gerar soluções visuais impressionantes, mas estas devem ser avaliadas criticamente pelo designer para garantir que cumprem os objectivos do projeto.

Além disso, os enviesamentos inerentes aos dados de treino da IA podem influenciar negativamente os resultados, gerando conteúdos que não são inclusivos ou perpetuam estereótipos (Brown, 2023). Isso ressalta a importância dos designers atuarem como mediadores críticos entre as propostas de IA e as necessidades dos clientes.

À medida que a IA se integra mais profundamente no design gráfico, o papel do designer está a evoluir. De acordo com Wilson (2023), os designers do futuro terão de combinar as aptidões artísticas tradicionais com competências técnicas avançadas. Isto inclui compreender como funcionam os algoritmos, interpretar os resultados gerados pela IA e colaborar com especialistas em tecnologia para desenvolver soluções inovadoras.

O futuro da IA no design gráfico promete desenvolvimentos empolgantes, desde a integração com tecnologias emergentes, como a realidade virtual, até ao desenvolvimento de sistemas mais intuitivos que colaboram ativamente com os designers. De acordo com Lopez e Garcia (2024), estas inovações não só expandirão as possibilidades criativas, como também redefinirão a forma como pensamos o processo de design. Por exemplo, espera-se que a IA evolua para sistemas capazes de interpretar melhor as emoções e os contextos culturais, o que poderá permitir a criação de projectos mais empáticos e eficazes em termos de comunicação.

Objectivos e finalidade do livro

Assim, este livro procura responder a uma questão essencial para a era digital: como é que a inteligência artificial está a revolucionar o design gráfico e qual será o seu impacto no futuro? Através de uma análise rigorosa das actuais ferramentas e aplicações de IA, os leitores terão uma compreensão aprofundada da forma como esta tecnologia influencia o design e o processo criativo. Este estudo abordará também os desafios éticos e técnicos que acompanham a IA na indústria, oferecendo uma perspetiva crítica sobre a forma como os designers se podem adaptar a um mundo cada vez mais automatizado sem perder o seu toque criativo.

A inteligência artificial redefiniu o design gráfico ao combinar a eficiência técnica com possibilidades criativas nunca antes vistas. Longe de ser uma ameaça, a IA posiciona-se como um aliado estratégico que permite aos designers expandir as suas capacidades e abordar os projectos com uma abordagem mais inovadora. No entanto, para tirar o máximo partido desta tecnologia, é essencial que os profissionais de design adoptem uma abordagem equilibrada, integrando competências humanas únicas, como a empatia e a narração de histórias, com as capacidades analíticas e de automatização da IA.

De acordo com Veritas (2023), "a IA não substitui a criatividade humana, mas antes amplifica-a, fornecendo ferramentas que potenciam a imaginação e permitem a exploração de territórios visuais anteriormente inatingíveis" (p. 87). Por conseguinte, o futuro do design gráfico reside na colaboração simbiótica entre humanos e máquinas, em que cada um traz os seus pontos fortes para construir um campo mais dinâmico, inclusivo e sustentável.

Capítulo 2: A IA em ação: ferramentas e exemplos práticos

A inteligência artificial (IA) transformou o design gráfico ao oferecer ferramentas inovadoras que não só optimizam os processos, como também inspiram novas possibilidades criativas.

Nos últimos anos, a inteligência artificial (IA) revolucionou o design gráfico através da introdução de ferramentas que optimizam, personalizam e melhoram os processos criativos. A IA no design não só facilita a criação de conteúdos visuais, como também permite a personalização em grande escala e a adaptação de campanhas publicitárias em tempo real. Este capítulo explora a forma como a IA é aplicada no design gráfico através de ferramentas-chave como o Adobe Sensei, o DALL-E e o Midjourney, bem como em projectos de realidade virtual e campanhas publicitárias, transformando a indústria criativa e oferecendo possibilidades anteriormente inimagináveis (Sánchez, 2024; Chaparro González, 2024; Jiménez Sánchez, 2024).

Principais ferramentas de IA no design

Adobe Sensei: O Adobe Sensei é uma plataforma de IA da Adobe que alimenta aplicações como o Photoshop e o Illustrator, permitindo aos designers automatizar tarefas complexas e otimizar os fluxos de trabalho. O Sensei oferece funcionalidades como o Content-Aware Fill, que pode remover elementos de uma imagem e preencher o espaço vazio com conteúdo contextual numa questão de segundos, poupando tempo na edição manual (Adobe, 2022). Esta tecnologia analisa padrões visuais e propõe alterações que melhoram a composição, ajudando os designers a concentrarem-se no aspeto criativo (Jones & Smith, 2022, p. 78).

Runway ML: Geração de conteúdos multimédia

O Runway ML é uma ferramenta de IA concebida para designers gráficos e videógrafos. Esta plataforma permite a criação de animações, vídeos e efeitos visuais a partir de entradas simples, como texto ou imagens. De acordo com Santos Tapia (2024), "a Runway ML oferece aos designers a capacidade de transformar ideias complexas em conteúdos visuais profissionais em minutos" (p. 92). Isto é especialmente útil na criação de conteúdos para campanhas publicitárias e plataformas digitais.

Wix ADI: O Wix ADI (Artificial Design Intelligence) é uma ferramenta de criação de sítios Web que permite aos utilizadores conceber páginas personalizadas sem experiência prévia em programação. Ao responder a algumas perguntas iniciais, o Wix ADI utiliza a IA para organizar o conteúdo, selecionar paletas de cores e ajustar o design às necessidades do utilizador (Lazo Altamirano et al., 2024). Isto resulta em sítios únicos e funcionais que respondem tanto ao estilo do utilizador como às expectativas do visitante (Rosenberg, 2021, p. 23).

Canva: O Canva integrou a IA na sua plataforma para facilitar um design rápido e profissional. Funcionalidades como o "Magic Resize" permitem que os desenhos se adaptem automaticamente a diferentes tamanhos para plataformas sociais, e a IA sugere cores e tipos de letra que correspondem ao estilo visual do utilizador (Martinez & Torres, 2022). Estas capacidades permitem que os não-designers criem gráficos consistentes e atractivos para as redes sociais e outros meios de comunicação (Martinez & Torres, 2022, p. 87).

Exemplo prático de utilização: Um designer que esteja a trabalhar numa campanha publicitária pode introduzir uma descrição como "uma cena urbana ao pôr do sol com um toque futurista e cores quentes". Numa questão de segundos, a IA gera várias versões da imagem que satisfazem estes critérios, permitindo ao designer explorar diferentes conceitos sem gastar horas em esboços ou revisões manuais. De acordo com Sanchez (2024), esta rapidez e adaptabilidade fazem da IA uma ferramenta indispensável na indústria.

Uma das inovações mais notáveis é a criação de tipografia baseada em IA, em que são geradas automaticamente combinações de tipos de letra visualmente harmoniosas. Ferramentas como a Fontjoy utilizam a IA para analisar a estética de cada tipo de letra e propor combinações que reflictam a identidade de uma marca ou projeto (Nguyen et al., 2019). Esta tecnologia ajuda os designers a poupar tempo na seleção tipográfica e a obter consistência visual de forma eficiente (Schwartz, 2021, p. 40).

Embora a digitalização domine o design gráfico atual, a IA também está a ter um impacto significativo na impressão e no design editorial. Ferramentas como o InDesign AI integram algoritmos que analisam o conteúdo para propor esquemas equilibrados e esteticamente agradáveis, melhorando a legibilidade e a disposição visual (Rosenberg, 2021). Estas aplicações automatizam tarefas como a seleção de tipos de letra, o alinhamento do texto e a criação de estilos consistentes ao longo de um projeto.

A IA está a ajudar os designers a antecipar as tendências dos meios de comunicação social, gerando conteúdos que ressoam com o público antes de os tópicos se tornarem virais. Ferramentas como o BuzzSumo AI analisam dados de interação e sugerem tipos de conteúdo visual que podem atrair mais atenção, como cores predominantes ou formatos específicos de plataformas (Santos Tapia, 2024).

A proliferação de dispositivos móveis levou ao desenvolvimento de ferramentas de IA que optimizam automaticamente os layouts para diferentes tamanhos de ecrã. Isto inclui ajustes na disposição do texto, das imagens e dos botões interactivos, melhorando a experiência do utilizador. Ferramentas como a Sketch AI podem gerar versões móveis de um desenho Web numa questão de minutos (Rosenberg, 2021).

A IA elevou a personalização a um nível nunca antes visto, permitindo às empresas adaptar as suas campanhas publicitárias a públicos específicos. Ao analisar os dados comportamentais e as preferências dos consumidores, a IA pode personalizar visuais e mensagens em tempo real, ajustando elementos de cor, estilo e composição de acordo com as preferências do público.

Este processo, conhecido como "design adaptativo", permite que a mesma campanha seja adaptada a vários segmentos de público, maximizando o impacto e a relevância de cada peça visual (Lazo Altamirano, Condori Quispe, & Abarca Rojas, 2024).

Jiménez Sánchez (2024) analisa a forma como a personalização nas campanhas publicitárias não só melhora a eficácia da mensagem, mas também permite que as marcas se liguem emocionalmente aos consumidores. A IA permite que o conteúdo visual se ajuste automaticamente aos interesses do público, melhorando assim o alcance da campanha e o envolvimento dos utilizadores. Por exemplo, uma marca de moda poderia adaptar os seus anúncios de acordo com as preferências de estilo dos seus consumidores, utilizando a IA para personalizar cada imagem com base nas tendências predominantes em cada mercado.

Exemplo de uma campanha bem sucedida: A Nike implementou IA nos seus anúncios para ajustar os elementos visuais de acordo com o mercado-alvo. Esta estratégia permitiu que as suas campanhas variassem em termos de cor, tipografia e estilo, consoante o público-alvo, optimizando a ligação emocional entre a marca e os consumidores e aumentando a taxa de conversão (Jiménez Sánchez, 2024)

O design gráfico em realidade virtual (RV) também beneficiou das ferramentas de IA, que optimizam os processos de desenvolvimento e reduzem os custos sem comprometer a qualidade visual. Chaparro González (2024) explica que a IA pode acelerar significativamente a criação de ambientes de realidade virtual, automatizando tarefas que anteriormente exigiam horas de trabalho manual. Ao aplicar a IA a projectos de RV, os designers podem explorar conceitos visuais de forma rápida e eficiente, gerando demonstrações e experiências interactivas que levam o design gráfico a um nível mais imersivo.

Exemplo de aplicação: Um estúdio de design que esteja a trabalhar numa demonstração de realidade virtual pode utilizar a IA para criar um ambiente virtual com base numa descrição, como "uma floresta encantada ao anoitecer com uma atmosfera mística". A IA gera automaticamente elementos visuais, texturas e efeitos de iluminação que são integrados na experiência de RV. De acordo com Chaparro González (2024), "as ferramentas de IA permitem otimizar o processo de desenvolvimento, reduzindo os custos e o tempo sem comprometer a qualidade gráfica" (p. 22).

Exemplos de IA em diferentes tipos de design

Uma das capacidades mais valiosas da IA é a sua capacidade de analisar grandes volumes de dados e prever padrões de comportamento. De acordo com Martínez e Torres (2022), os algoritmos de IA permitem aos designers antecipar as preferências dos utilizadores, resultando em campanhas mais eficazes e conteúdos visuais adaptados a públicos específicos.

A IA também alargou o âmbito do design gráfico, tornando-o mais acessível e inclusivo. As ferramentas de IA podem gerar automaticamente descrições de imagens, permitindo que as pessoas com deficiências visuais compreendam o conteúdo visual. Além disso, a IA pode ajustar os elementos de design para facilitar a sua interpretação por pessoas com deficiências cognitivas, criando um ambiente de design mais inclusivo e acessível para todos (Lazo Altamirano et al., 2024).

Embora o design gráfico tenha evoluído digitalmente, a IA está também a transformar os processos tradicionais de impressão e design editorial. Ferramentas como o PageMaker AI utilizam algoritmos para otimizar a disposição das páginas em revistas, livros e catálogos. Estas ferramentas analisam o conteúdo para propor esquemas visualmente equilibrados, optimizando o espaço e melhorando a legibilidade (Rosenberg, 2021).

A narração de histórias visuais está a ser revolucionada pela IA, permitindo a criação de conteúdos que contam histórias de forma dinâmica. Ferramentas como o Storyboard AI geram sequências visuais a partir de guiões textuais, sugerindo composições e abordagens cinematográficas. De acordo com Jiménez Sánchez (2024), "esta tecnologia acelera os processos de criação de conteúdos narrativos, permitindo que os designers se concentrem em aspectos mais artísticos" (p. 84).

O design generativo é uma das tendências mais promissoras na intersecção entre a IA e o design gráfico. Esta abordagem permite aos designers definir parâmetros básicos, como cores, formas e estilos, enquanto a IA gera múltiplas variações dentro desses limites. De acordo com Chen (2022), o design generativo não só acelera os processos criativos, como também abre novas possibilidades para explorar soluções inovadoras que poderiam não ter sido consideradas pelos métodos tradicionais.

Um exemplo proeminente é a utilização da IA para conceber logótipos de empresas. Ferramentas como a Looka geram centenas de opções a partir de uma simples descrição, permitindo às empresas selecionar e aperfeiçoar o desenho que melhor se adequa à sua identidade visual (Gómez & Rodríguez, 2023).

Publicidade e personalização: IA no marketing digital

A personalização é fundamental no marketing digital, e a IA permitiu um nível de precisão sem precedentes nas campanhas publicitárias. Ao analisar os dados comportamentais dos utilizadores, a IA ajusta os anúncios para mostrar conteúdos relevantes no momento ideal, maximizando o impacto da publicidade (Sanchez, 2024).

A IA permite às marcas criar anúncios adaptados às preferências de cada utilizador, melhorando a experiência e aumentando a probabilidade de conversão. Este tipo de personalização é particularmente eficaz em campanhas de remarketing, em que são apresentados produtos pelos quais o utilizador demonstrou interesse no passado (Santos Tapia, 2024). Ao ajustar os anúncios em tempo real, a IA é capaz de manter a relevância e melhorar as taxas de cliques (Gomez & Rodriguez, 2023, p. 18).

De acordo com Santos Tapia (2024), "a IA pode transformar o design gráfico num meio mais inclusivo, permitindo que os designers criem conteúdos acessíveis e compreensíveis para um público mais diversificado" (p. 92). Este aspeto inclusivo da IA no design gráfico reforça o objetivo do design de comunicar de forma eficaz e significativa, sem excluir qualquer grupo de pessoas.

O design gráfico não trabalha isoladamente e a IA está a facilitar a colaboração entre disciplinas. Por exemplo, no desenvolvimento de aplicações móveis ou jogos de vídeo, os designers gráficos trabalham em conjunto com programadores e especialistas em experiência do utilizador (UX). Ferramentas como o Figma, que agora integram funções baseadas em IA, permitem a criação de protótipos interactivos em tempo real. De acordo com Martínez e Gómez (2022), esta colaboração eficiente melhora significativamente os prazos de entrega e a qualidade do produto final.

A inteligência artificial provou ser um fator de mudança no design gráfico, facilitando processos, abrindo novas possibilidades criativas e melhorando a acessibilidade. Desde ferramentas como o Adobe Sensei a aplicações inovadoras em realidade virtual e design generativo, a IA está a transformar a forma como os designers trabalham e colaboram. De acordo com López e García (2024), "a verdadeira inovação no design não consiste em substituir o designer, mas sim em potenciar a sua criatividade e alargar os limites do que é possível" (p. 45).

No domínio da animação, a IA está a revolucionar os processos criativos. Ferramentas como o DeepMotion permitem gerar animações a partir de vídeos, utilizando a aprendizagem profunda para interpretar o movimento humano. Isto não só poupa tempo, como também permite aos designers gráficos explorar novas formas de contar histórias visuais (Wilson, 2023).

O conceito de identidade visual dinâmica ganhou destaque graças à IA. Ferramentas como a Dynamic Brand AI permitem que as marcas adaptem automaticamente os seus logótipos, cores e elementos gráficos a diferentes plataformas e contextos. Por exemplo, um logótipo pode ser modificado para incluir cores específicas que correspondam ao evento ou à estação do ano em curso, sem necessidade de uma reformulação manual.

Gómez e Rodríguez (2023) explicam que "esta capacidade de adaptar o grafismo em tempo real melhora a perceção de relevância da marca e reforça a sua ligação com o público" (p. 43).

IA em Web Design e Experiência do Utilizador

A IA na conceção da Web melhora a navegação através de sistemas de recomendação e de motores de busca internos que apresentam conteúdos relevantes para o utilizador. Além disso, os sítios Web adaptam a sua conceção aos dispositivos e ambientes, garantindo uma visualização óptima em telemóveis, tablets e computadores (Chaparro González, 2024). Esta conceção adaptativa garante que o utilizador tenha uma experiência suave e consistente em qualquer plataforma. Por último, a IA elevou o design adaptativo a um nível superior, ajustando automaticamente os elementos visuais e as funções de acordo com o comportamento e o contexto do utilizador. Esta capacidade de adaptação em tempo real melhora tanto a estética como a funcionalidade dos sítios Web, permitindo uma experiência mais personalizada e optimizada (Schwartz, 2021).

A inteligência artificial redefiniu o design gráfico, integrando-se profundamente nos processos criativos, técnicos e estratégicos. Desde a automatização de tarefas até à criação de conteúdos visuais inovadores, a IA não só melhora a eficiência, como também expande as possibilidades criativas. De acordo com López e García (2024), "a IA não se limita a simplificar processos, mas inspira novas formas de conceber e executar projectos, abrindo uma era de criatividade colaborativa entre humanos e máquinas" (p. 45). A chave do sucesso reside na forma como os designers adoptam e adaptam estas ferramentas, utilizando-as para melhorar a sua visão artística e satisfazer as exigências de um mundo cada vez mais conectado e exigente.

Capítulo 3: O que muda para o designer?

A inteligência artificial (IA) está a transformar a forma como trabalhamos, especialmente no domínio do design. Este capítulo centra-se na forma como a IA afecta o trabalho dos designers, nas competências que se tornam cruciais nesta nova era e em exemplos de colaboração entre humanos e IA. Ao explorar estes tópicos, revelar-se-á como a IA não só automatiza tarefas, mas também potencia a criatividade e a inovação.

A integração da IA no design gráfico reposicionou o designer como um mediador entre as capacidades tecnológicas e as necessidades humanas. De acordo com López e García (2024), "o impacto cultural da IA no design gráfico posiciona o designer como mediador entre a tecnologia e as audiências humanas, especialmente em contextos emocionalmente relevantes" (p. XX). Isto implica que os designers devem não só dominar as ferramentas tecnológicas, mas também compreender profundamente os seus utilizadores, a fim de gerar experiências significativas.

Com o advento da inteligência artificial (IA), o papel do designer gráfico evoluiu para além das tradicionais tarefas técnicas e criativas para uma abordagem mais estratégica e consultiva. De acordo com Wilson e Green (2023), a IA não substitui o designer, mas redefine o seu trabalho, automatizando tarefas repetitivas e libertando tempo para a concetualização e o desenvolvimento de estratégias visuais.

Com o crescimento das ferramentas de IA, os designers assumem agora papéis mais amplos na gestão de projectos digitais. De acordo com Hernández e Pérez (2023), "a IA facilita a automatização do fluxo de trabalho, mas também requer um planeamento estratégico para integrar estas ferramentas em equipas criativas multidisciplinares" (p. 58).

Automatização de tarefas: O que é que a IA faz por nós?

Por exemplo, um designer que anteriormente passava horas a ajustar a cor e a iluminação numa composição pode delegar estas tarefas em ferramentas como o Adobe Sensei, enquanto se concentra na narrativa visual e na ligação emocional do design (Academy Partners, 2023). Isto transforma o designer num facilitador criativo que trabalha em conjunto com as máquinas para otimizar processos e gerar soluções inovadoras.

A evolução tecnológica exige uma atualização constante das competências dos designers gráficos. De acordo com López e Hernández (2024), os profissionais devem incorporar competências técnicas, como a compreensão de algoritmos e modelos de IA, juntamente com competências humanas, como a empatia e a criatividade contextual.

Para além das suas competências técnicas, o designer do futuro será um estratega capaz de liderar projectos complexos que integrem criatividade, tecnologia e objectivos comerciais. De acordo com McKinsey (2023), as empresas que conseguirem incorporar os designers em funções estratégicas a par da IA serão capazes de gerar uma vantagem competitiva significativa nos seus mercados.

A automatização das tarefas de rotina é um dos contributos mais significativos da IA para o design. As ferramentas de IA podem lidar com actividades repetitivas, como a edição de imagens, a criação de esboços iniciais e a organização de ficheiros, permitindo que os designers se concentrem em aspectos mais criativos e estratégicos. De acordo com um estudo da Deloitte, as organizações que implementam a IA podem poupar até duas horas por dia em tarefas mundanas, o que resulta num aumento de 35% do tempo gasto em actividades criativas (Deloitte, 2020).

A IA pode analisar grandes volumes de dados para identificar tendências e padrões que poderiam passar despercebidos a um ser humano. Por exemplo, ferramentas como o Adobe

Sensei utilizam algoritmos para sugerir combinações de cores e estilos com base nas preferências dos utilizadores e nas tendências actuais (Academy Partners, 2023). Isto não só melhora a eficiência do processo criativo, como também oferece informações valiosas que podem fundamentar as decisões de conceção.

Além disso, a automatização não diz respeito apenas a tarefas técnicas; inclui também a geração de conteúdos. A IA pode criar variações de um design existente ou propor novas ideias com base em parâmetros definidos pelo designer. Isto permite explorar rapidamente várias opções e abordagens sem o desgaste associado ao trabalho manual (Cely & Buake, 2023).

Com menos tempo gasto em tarefas repetitivas, os designers têm a oportunidade de se concentrar na criatividade estratégica. Isto implica pensar na forma como os seus designs podem influenciar o comportamento do utilizador e como se alinham com os objectivos comerciais mais amplos. A capacidade de colaborar com ferramentas de IA permite que os designers experimentem novas ideias e conceitos sem receio de perder tempo valioso (Ferramentas de IA, 2023).

Embora a IA tenha introduzido níveis de automatização sem precedentes, também levanta questões sobre a autonomia criativa do designer. De acordo com Veritas (2023), a IA amplifica a criatividade humana ao fornecer ferramentas que aumentam a imaginação (*Creativity in the AI age: Challenges and opportunities*, p. XX).

A criatividade estratégica, combinando objectivos comerciais e valores estéticos, tornou-se um foco central para os designers na era da IA. De acordo com Miller et al. (2023), as ferramentas de IA fornecem informações baseadas em dados que informam as decisões de design, garantindo que as criações não são apenas apelativas, mas também eficazes no cumprimento de objectivos específicos.

Competências que ganham relevância na era da IA

À medida que os designers começam a trabalhar com sistemas de IA, certas competências tornam-se essenciais para maximizar esta colaboração. Estas incluem:

- Pensamento crítico: A capacidade de avaliar criticamente os resultados gerados pelos sistemas de IA é fundamental. Os projectistas devem ser capazes de discernir quando uma sugestão gerada pela IA é adequada ou quando precisa de ser ajustada (Cely & Buake, 2023)
- Criatividade adaptativa: Embora a IA possa gerar ideias com base em dados existentes, a criatividade humana continua a ser única. Os designers devem aprender a utilizar a IA como uma ferramenta para aumentar a sua criatividade, adaptando as suas abordagens de acordo com o que a tecnologia lhes oferece (Veritas, 2023)
- Colaboração interdisciplinar: Trabalhar eficazmente com equipas multidisciplinares é crucial. Os designers devem comunicar claramente com engenheiros e especialistas em dados para garantir o êxito dos projectos (Academy Partners, 2023)
- Aprendizagem contínua: A rápida evolução das ferramentas tecnológicas exige que os designers estejam dispostos a aprender e a adaptar-se constantemente. Isto inclui familiarizar-se com as novas plataformas de design orientadas para a IA e compreender as suas capacidades e limitações (AI Tools, 2023)

Estas competências são necessárias não só para interagir com ferramentas de IA, mas também para liderar projectos criativos em que a tecnologia e o design estão interligados.

A colaboração entre humanos e IA conduziu a resultados surpreendentes numa variedade de projectos de design. Um exemplo notável é a utilização de IA generativa na conceção de arquitetura. Empresas como a Zaha Hadid Architects utilizaram algoritmos para explorar novas formas arquitectónicas que seriam difíceis de conceber manualmente (LHH,

2023). Esta combinação permite criar estruturas inovadoras e funcionais, fundindo o julgamento humano com as capacidades analíticas avançadas da IA.

Outro caso é a utilização de ferramentas como o Runway ML no design gráfico. Esta plataforma permite aos designers gerar imagens ou vídeos a partir de descrições textuais, acelerando assim o processo criativo e abrindo novas possibilidades estéticas (Cely & Buake, 2023). Esta abordagem não só melhora o produto final, como também promove um ambiente de colaboração em que tanto os humanos como as máquinas aprendem uns com os outros.

No marketing digital, as empresas estão a utilizar algoritmos de IA para personalizar campanhas publicitárias com base no comportamento dos consumidores. Isto permite aos designers criar conteúdos mais relevantes e cativantes para o seu público (Academy Partners, 2023). A sinergia entre os seres humanos e a IA não só optimiza os processos como também aumenta a criatividade humana.

Exemplos de colaboração

A interação entre os designers e as ferramentas de inteligência artificial (IA) não só está a redefinir os processos criativos, como também a alargar os limites do que é possível em termos de inovação. À medida que a tecnologia continua a evoluir, foram identificadas áreas emergentes em que a IA desempenha um papel crucial, criando novas oportunidades e desafios para os profissionais de design.

Uma das aplicações mais promissoras da IA é a sua capacidade de permitir uma conceção personalizada em grande escala. Por exemplo, plataformas como o Canva integraram ferramentas alimentadas por IA que permitem aos utilizadores personalizar modelos automaticamente com base nas suas preferências e necessidades específicas (Lee et al., 2022). Isto reduz significativamente o tempo necessário para criar conteúdos e permite que os designers se concentrem em projectos mais estratégicos.

As tecnologias de realidade virtual e aumentada, alimentadas por IA, estão a transformar a conceção de experiências. Por exemplo, o Unity e o Unreal Engine integram algoritmos de IA que permitem a criação de ambientes virtuais detalhados e dinâmicos em tempo recorde (Miller et al., 2023). Estas ferramentas são particularmente úteis na criação de experiências de utilizador imersivas que combinam perfeitamente o físico e o digital.

No domínio do design industrial, a IA está a acelerar os processos de criação de protótipos. Ferramentas como o Autodesk Fusion 360 permitem aos designers criar rapidamente modelos iterativos utilizando simulações baseadas em IA (Johnson, 2023). Isto não só poupa tempo e recursos, como também encoraja a exploração de múltiplas soluções antes de se chegar a um design final.

A crescente integração da IA nos processos de design está a alterar a estrutura das equipas criativas. De acordo com um relatório da McKinsey (2023), espera-se que os designers assumam funções mais estratégicas e consultivas, delegando tarefas técnicas a sistemas avançados de IA. Esta mudança realça a importância das competências humanas, como a empatia, a narração de histórias e a tomada de decisões baseadas no contexto.

A colaboração homem-máquina está a promover um novo modelo de criatividade colectiva. Projectos como o DeepDream da Google demonstraram como as ferramentas de IA podem inspirar os designers a explorar estéticas e conceitos que, de outra forma, seriam difíceis de imaginar (Kaur, 2023). Esta abordagem colaborativa está a redefinir o papel do designer como facilitador da criatividade.

A inteligência artificial não substitui os designers, mas amplia a sua capacidade de resolver problemas complexos e criar soluções inovadoras. No entanto, a sua integração bem sucedida depende de um equilíbrio cuidadoso entre as competências humanas e as capacidades tecnológicas . Como Veritas (2023) observou, "os designers que prosperarão nesta era serão aqueles que souberem utilizar a IA como uma extensão da sua própria criatividade".

O papel do designer está a evoluir para uma abordagem mais estratégica e consultiva. De acordo com McKinsey (2023), a IA está destinada a assumir as tarefas técnicas, enquanto os designers se concentram em áreas como a narração visual, a empatia e a tomada de decisões contextualizadas. Esta mudança realça a importância de combinar competências humanas únicas com capacidades tecnológicas avançadas.

O advento da inteligência artificial no design gráfico não marca o fim da criatividade humana, mas o início de uma colaboração simbiótica entre o designer e a máquina. Neste novo paradigma, a IA actua como uma ferramenta que aumenta a capacidade humana de resolver problemas complexos e explorar possibilidades criativas anteriormente inatingíveis. No entanto, como referem Taylor e Green (2022), "o verdadeiro valor do design gráfico não reside na automatização, mas na capacidade do designer para dar significado e contexto aos resultados gerados pela IA" (p. 84).

Este equilíbrio entre tecnologia e criatividade exige que os designers evoluam, adoptando funções mais estratégicas e desenvolvendo competências críticas que garantam que as ferramentas tecnológicas amplificam, e não diluem, a sua visão artística. Na era da inteligência artificial, o designer não é apenas um criador, mas também um curador de experiências visuais que estabelecem uma ligação profunda com o público num mundo em constante mudança.

O desafio para os designers consiste em aprender a equilibrar a automatização com a intuição, utilizando a IA para melhorar, e não para substituir, o seu trabalho. Para além disso, é crucial que assumam a responsabilidade ética na utilização destas tecnologias, garantindo que os resultados são inclusivos, originais e culturalmente relevantes.

Capítulo 4: Desafios e questões éticas

A integração da inteligência artificial (IA) no design gráfico não só revolucionou a criamos imagens, tipografia e esquemas, como também abriu um mundo de possibilidades e dilemas que poucos poderiam ter previsto. À medida que as máquinas começam a desempenhar um papel central na criatividade humana, surgem questões fundamentais: quem é o verdadeiro autor de um design gerado por IA? Como é que isto vai afetar o futuro dos designers? E, mais importante, como podemos garantir que a tecnologia é utilizada de forma ética e responsável?

Este capítulo explora estas questões de uma perspetiva inovadora e ponderada, destacando os desafios legais, as transformações do mercado de trabalho e as considerações éticas que os designers devem ter em conta. Num mundo em que a tecnologia está a evoluir mais rapidamente do que os regulamentos que a regem, é crucial compreender os desafios e as oportunidades que a IA oferece, não apenas como uma ferramenta, mas como um agente transformador para a indústria do design gráfico.

A integração da inteligência artificial (IA) no design gráfico não só revolucionou a forma como criamos imagens, tipografia e layouts, como também gerou dilemas éticos e transformações profundas no sector. Num mundo em que a tecnologia está a avançar mais rapidamente do que os regulamentos que a regem, é crucial analisar a forma como os designers se podem adaptar para liderar de forma ética e inovadora.

O advento da IA levou muitos a questionar o que significa ser criativo. De acordo com López e García (2024), a IA não gera ideias a partir do zero, mas combina padrões e dados existentes. Isto implica que, embora os resultados possam parecer originais, são essencialmente o produto de uma recolha e recombinação de informações anteriores. Este fenómeno levanta uma questão fundamental: a criatividade é exclusiva dos seres humanos ou as máquinas podem participar em processos criativos significativos?

Neste sentido, o papel do designer como intérprete e curador torna-se mais importante do que nunca. Os designers devem não só avaliar a qualidade técnica dos resultados gerados pela IA, mas também contextualizá-los e adaptá-los para que se alinhem com valores culturais, emocionais e comerciais. De acordo com Hernandez e Torres (2024), "a IA alarga as ferramentas do designer, mas não substitui a capacidade humana de dar significado e objetivo ao design" (p. 45).

Um aspeto fundamental a ser abordado neste contexto é a forma como a IA redefine o conceito de criatividade no design gráfico. De acordo com López e García (2024), a IA não cria a partir do nada, mas baseia-se em dados e padrões existentes. Isto levanta a questão de saber se o design gerado pela IA pode ser considerado verdadeiramente criativo ou simplesmente um reflexo do conhecimento acumulado nas suas bases de dados. Esta limitação técnica sublinha a importância dos designers humanos como intérpretes e contextualizadores das propostas geradas pela IA.

Impacto da IA no mercado de trabalho do design

O mercado de trabalho do design está a passar por uma transformação sem precedentes devido à incorporação de ferramentas de IA. Estas tecnologias têm o potencial de automatizar tarefas repetitivas, como a seleção de cores, a edição básica de imagens ou a criação de modelos, libertando os designers para se concentrarem em aspectos mais estratégicos e conceptuais dos seus projectos (Fernández & López, 2023). No entanto, esta evolução também traz consigo novos desafios.

O impacto da IA no design gráfico não é apenas técnico ou económico, mas também emocional. Muitos designers estão preocupados com a possibilidade de serem substituídos por ferramentas automatizadas, especialmente em tarefas que anteriormente exigiam competências especializadas (Johnson, 2023). De acordo com um estudo de Lee e Park (2023), 62% dos designers entrevistados mostraram-se preocupados com a possibilidade de a IA reduzir a procura do seu trabalho. Esta perceção pode gerar resistência à adoção de novas tecnologias, abrandando a sua integração na indústria.

Por outro lado, a IA também pode gerar benefícios emocionais ao libertar os designers de tarefas repetitivas, permitindo-lhes concentrar-se na criatividade e na concetualização. De acordo com Taylor e Green (2022), esta "colaboração simbiótica" pode aumentar a satisfação no trabalho, dando aos designers mais tempo para inovar e experimentar.

Além disso, a criatividade gerada pela IA baseia-se em padrões pré-existentes, treinados a partir de dados recolhidos de trabalhos humanos. Isto significa que, embora o resultado possa parecer original, é de facto uma combinação de referências existentes (Chen, 2022). Este fenómeno levanta questões importantes sobre a originalidade e o papel dos designers num futuro dominado por máquinas capazes de "criar".

A entrada da IA no design não só redefine as competências necessárias, como também obriga a repensar o papel do designer num mercado de trabalho cada vez mais dinâmico e competitivo. Os principais aspectos são destacados a seguir:

1. **Polarização de competências e funções**: enquanto os designers que dominam as tecnologias emergentes têm uma vantagem competitiva, os que se limitam às competências tradicionais correm o risco de exclusão do emprego. O investimento na aprendizagem ao longo da vida não deve ser apenas individual, mas também institucional, promovido por governos e empresas para reduzir o fosso tecnológico (Johnson, 2023).

2. **Intensificação da concorrência global**: As ferramentas acessíveis baseadas em IA permitiram que pessoas sem formação formal em design competissem em mercados freelance, reduzindo os custos, mas também afectando o valor percebido do design profissional (Martinez & Gomez, 2022).

3. **Novas oportunidades de emprego**: A IA não só automatiza tarefas, como também cria novas áreas de trabalho, como a gestão de algoritmos criativos ou a curadoria de conteúdos gerados por IA, que exigem competências híbridas entre criatividade e tecnologia (IDA, 2023).

Ética e responsabilidade no design gráfico

A ética no design gráfico baseado em IA engloba questões críticas como a autoria, a transparência e a preservação cultural:

1. **Autenticidade e transparência**: A utilização da IA deve ser claramente comunicada aos clientes e ao público. Comunicar se um trabalho foi criado ou assistido por IA gera confiança e evita conflitos legais ou de perceção (Taylor & Green, 2022).

2. **Preservar a diversidade cultural**: Embora a IA possa amplificar os estilos culturais, existe também o risco de homogeneizar as tradições. Os designers responsáveis devem trabalhar ativamente para garantir que as ferramentas tecnológicas reflectem a riqueza cultural, em vez de a diluírem ou estereotiparem (Chen, 2022).

3. **Prevenção da manipulação e da desinformação**: As imagens geradas por IA podem ser utilizadas em campanhas de desinformação. Por conseguinte, é essencial implementar normas e controlos éticos claros para evitar a utilização indevida destas tecnologias (Rodriguez, 2022).

Um dos principais efeitos da IA no mercado de trabalho é a polarização das funções. Enquanto os designers com competências avançadas em tecnologia e programação têm mais oportunidades, os que têm uma abordagem mais tradicional podem ter dificuldades em manter-se competitivos (Johnson, 2023). Este fenómeno cria uma lacuna na indústria que poderá aumentar se não houver investimento na aprendizagem ao longo da vida.

Além disso, a democratização das ferramentas baseadas em IA permitiu que os utilizadores não profissionais acedessem a tecnologias de design avançadas. Este facto gerou uma concorrência intensa, especialmente no domínio do trabalho independente, onde os clientes procuram soluções rápidas e económicas (Martínez & Gómez, 2022). Embora esta acessibilidade incentive a criatividade, também pode saturar o mercado com trabalhos de menor qualidade.

No entanto, nem tudo é negativo. A IA também está a redefinir o que significa ser um designer gráfico. De acordo com a *International Design Association* (IDA, 2023), os designers do futuro terão de adotar uma abordagem híbrida que combine as competências artísticas tradicionais com competências tecnológicas avançadas. Isto inclui a capacidade de trabalhar com algoritmos, compreender a aprendizagem automática e colaborar com engenheiros para desenvolver soluções inovadoras.

Por último, a IA pode ajudar a melhorar a inclusão na conceção. Ferramentas como o Adobe Sensei, que utiliza a IA para otimizar os desenhos, podem facilitar o trabalho das pessoas com deficiência, permitindo-lhes participar num domínio que anteriormente lhes era inacessível (Wilson, 2023). Este desenvolvimento realça o potencial da IA não só para transformar a indústria, mas também para a tornar mais inclusiva e diversificada.

Direitos de autor e direitos de propriedade intelectual na conceção de IA

A adoção da IA no design também trouxe consigo considerações éticas. De acordo com López e García (2024), os designers devem estar conscientes da forma como as suas decisões afectam a privacidade, a equidade e a representação cultural nos seus projectos.

O impacto ético da utilização da IA no design gráfico é uma questão que não pode ser ignorada. As ferramentas de IA têm um poder imenso para influenciar a perceção pública, mas também podem ser mal utilizadas para manipular ou desinformar. Por exemplo, a criação de imagens hiper-realistas através da IA suscitou preocupações quanto à sua utilização em campanhas de desinformação e propaganda (Rodriguez, 2022). Este problema sublinha a importância de estabelecer normas éticas claras para a utilização destas tecnologias.

A falta de regulamentação clara para a IA no sector do design gráfico constitui um desafio significativo. De acordo com

Segundo Smith e O'Connor (2023), a ausência de normas internacionais dificulta a proteção dos direitos dos designers, especialmente nos mercados globais. Este facto levou a debates sobre a necessidade de uma carta ética internacional, que regulasse a utilização da IA nas indústrias criativas. Essa carta poderia estabelecer critérios mínimos de transparência, atribuição de autoria e utilização responsável destas ferramentas.

Analisar a forma como a IA utiliza imagens e desenhos pré-existentes para treinar modelos generativos, o que pode dar origem a litígios legais relacionados com os direitos de autor. De acordo com Pérez e Ramírez (2023), as leis actuais não abordam adequadamente a questão de saber se os designers cujo trabalho é utilizado para treinar a IA devem receber uma compensação ou reconhecimento.

Estudo de caso: Em 2023, vários artistas processaram plataformas de IA por treinarem os seus modelos com obras protegidas por direitos de autor, argumentando que as ferramentas replicavam os seus estilos sem a devida atribuição (Chen, 2022). Este exemplo sublinha a necessidade de regulamentos claros que equilibrem os direitos dos criadores e das empresas de tecnologia.

A transparência é outro aspeto crucial. Os designers têm a responsabilidade de informar os seus clientes e o público quando utilizam a IA nos seus projectos. De acordo com Taylor e Green (2022), esta prática não só cria confiança, como também ajuda a educar os consumidores sobre as capacidades e limitações da tecnologia.

A formação é fundamental para que os designers se adaptem a um mercado de trabalho transformado. De acordo com Lee e Park (2023), 78% dos designers entrevistados num estudo global concordaram que as competências relacionadas com a IA serão essenciais nos próximos cinco anos. No entanto, a desigualdade de acesso a estas oportunidades de formação poderá agravar as lacunas económicas e sociais no sector.

Discuta de que forma as ferramentas de IA podem ser utilizadas para fins pouco éticos, como a criação de conteúdos enganadores ou a manipulação do público através de desinformação. De acordo com Rodriguez (2022), isto coloca desafios significativos na indústria do design gráfico, especialmente na criação de imagens hiper-realistas que podem ser utilizadas em campanhas de propaganda.

Além disso, é essencial considerar o impacto cultural da IA no design. Embora estas ferramentas possam gerar obras inspiradas em diversos estilos, também correm o risco de homogeneizar as tradições culturais. De acordo com Chen (2022), é vital que os designers trabalhem ativamente para preservar a diversidade cultural nos seus projectos, utilizando a IA como um meio de amplificar, e não de substituir, as expressões culturais.

As universidades e as plataformas educativas estão a começar a incluir a IA nos seus currículos, oferecendo cursos que combinam fundamentos artísticos com conhecimentos tecnológicos . Isto não só beneficia os designers, como também prepara a próxima geração de profissionais para um mercado de trabalho híbrido (Smith & O'Connor, 2023).

Um dos maiores debates em torno da IA no design gráfico é a questão da autoria. Se uma ferramenta de IA gera um desenho, quem é o autor legal? De acordo com Pérez e Ramírez (2023), as actuais leis de propriedade intelectual não abordam adequadamente este cenário, uma vez que foram concebidas para proteger as criações humanas. Este facto deu origem a conflitos sobre os direitos de utilização e distribuição de obras geradas por IA, especialmente em contextos comerciais.

Em 2022, um caso emblemático ocorreu quando um coletivo de artistas processou uma empresa por utilizar modelos de IA que replicavam os seus estilos sem compensação ou atribuição adequada. Este caso realça a necessidade de atualizar a regulamentação para proteger tanto os designers como as empresas que utilizam a IA (Chen, 2022).

Por último, os designers devem refletir sobre o objetivo subjacente à utilização da IA. Perguntas como "Esta ferramenta está a melhorar o projeto?" ou "É ético automatizar esta tarefa?" são essenciais para garantir uma abordagem responsável. De acordo com a *Iniciativa de Design Ético* (EDI, 2023), a ética no design não deve ser uma consideração secundária, mas sim um pilar fundamental da prática profissional.

Explorar a forma como o trabalho com a IA afecta a perceção que os designers têm do seu próprio valor criativo. De acordo com Hernandez e Torres (2024), embora a IA possa libertar os designers de tarefas repetitivas, também pode levar à insegurança sobre se o seu trabalho é valorizado num ambiente cada vez mais automatizado.

Proposição: Promover a ideia de que a IA não substitui o designer, mas amplia sua capacidade de gerar impacto, pode aliviar parte dessa ansiedade e promover uma mentalidade de colaboração em vez de competição (Taylor & Green, 2022).

A integração da IA no design gráfico não está apenas a transformar a forma como as imagens, a tipografia e os layouts são criados, está também a remodelar a ética, a economia e a cultura do sector. Os designers têm a oportunidade de liderar esta mudança adoptando práticas responsáveis, investindo na formação contínua e colaborando ativamente com a tecnologia para enfrentar os desafios emergentes. Ao dar prioridade à transparência, à sustentabilidade e à diversidade cultural, a IA pode tornar-se uma ferramenta para criar um design gráfico mais inclusivo, ético e inovador.

A integração da inteligência artificial no design gráfico representa um ponto de viragem histórico na forma como concebemos a criatividade e a produção visual. Embora a IA tenha provado ser uma ferramenta poderosa para otimizar processos e expandir as possibilidades criativas, a sua implementação também requer uma reflexão profunda sobre responsabilidades éticas, sustentabilidade e impacto cultural. De acordo com López e García (2024), "o verdadeiro valor da IA não reside apenas no que pode fazer, mas na forma como escolhemos utilizá-la de forma responsável e significativa" (p. 58).

À medida que a tecnologia avança, é fundamental que os designers não percam de vista o seu papel de mediadores culturais e éticos. A IA deve ser vista como um colaborador, e não um substituto, que melhora as competências humanas e enriquece a narrativa visual. O futuro do design gráfico dependerá da forma como os profissionais conseguirem integrar estas ferramentas para ultrapassar barreiras, promover a diversidade e preservar o sentido humano em cada projeto criativo. No final, a IA não define a criatividade; são as decisões humanas que dão objetivo e significado ao que fazemos.

Capítulo 5: O futuro do design gráfico na era da IA

A emergência da inteligência artificial (IA) no design gráfico está a redefinir não só os processos criativos, mas também o papel dos designers num ecossistema visual em constante evolução. Para além da automatização, a IA tornou-se uma ferramenta essencial para explorar novas formas de criatividade, adaptar-se às necessidades do mercado e adaptar-se às necessidades do mercado.

as exigências do mercado e responder aos desafios sociais e éticos actuais.

A integração da inteligência artificial (IA) no design gráfico está a remodelar profundamente o papel do designer. Em vez de se concentrarem em tarefas repetitivas e técnicas, os designers têm a oportunidade de adotar um papel mais estratégico e concetual, em que a IA funciona como uma ferramenta que amplia as suas capacidades (Wilson, 2023). Esta transformação requer não só competências técnicas avançadas, mas também uma compreensão mais profunda dos valores e objectivos que cada projeto procura transmitir. De acordo com Martínez e Gómez (2022), esta evolução representa uma mudança de paradigma, onde o designer passa de executor técnico a criador integral que combina criatividade, tecnologia e estratégia.

A IA está a obrigar os designers a reconsiderar o que significa ser criativo num mundo em que as máquinas geram ideias visuais. Embora a IA possa oferecer milhares de escolhas com base em parâmetros predefinidos, os designers humanos são os únicos capazes de interpretar essas escolhas em contextos emocionais, culturais e sociais. Segundo Sandoval e Jones (2023), "a criatividade humana continua a ser insubstituível, uma vez que as máquinas carecem de intuição e sensibilidade cultural" (p. 34). Esta redescoberta da criatividade humana suscita novas formas de colaboração entre humanos e IA.

Adaptação a um ambiente em evolução

O design gráfico na era da IA exige uma mudança significativa na educação e no desenvolvimento profissional. De acordo com Smith e O'Connor (2023), os programas educativos devem adaptar-se para incluir conceitos como a aprendizagem automática, o design generativo e a análise de dados. As universidades e as plataformas de aprendizagem em linha já estão a integrar estes tópicos nos seus currículos, garantindo que os designers estão preparados para os desafios de um mercado híbrido.

Além disso, os designers devem adotar uma abordagem de aprendizagem contínua para se manterem actualizados em relação às tecnologias emergentes. De acordo com Taylor e Green (2022), "os designers que combinam competências técnicas e criativas estão melhor posicionados para liderar na era da IA" (p. 67).

A inteligência artificial (IA) mudou radicalmente a forma como o design gráfico é feito, oferecendo ferramentas que optimizam os processos criativos e transformam a dinâmica de trabalho. No entanto, este avanço tecnológico também traz consigo desafios e questões significativas sobre o futuro do design enquanto disciplina. Este capítulo centra-se em explorar a forma como os designers se podem adaptar a este ambiente dinâmico, as perspectivas que a IA coloca ao design gráfico e uma reflexão final sobre o seu papel como aliada no processo criativo. A chave é compreender que, longe de ser uma ameaça, a IA tem o potencial de amplificar a criatividade humana e abrir novas oportunidades de inovação.

A IA também está a ajudar a enfrentar os desafios relacionados com a sustentabilidade no design gráfico. Por exemplo, os algoritmos de otimização podem reduzir a utilização de recursos em projectos de impressão, como o papel e a tinta, sugerindo definições que minimizem o desperdício (Chen, 2022).

Além disso, no domínio digital, a IA pode analisar a eficiência energética dos desenhos para dispositivos electrónicos, garantindo que o conteúdo visual consome menos recursos energéticos sem sacrificar a qualidade estética (Brown, 2023). Estas inovações estão em sintonia com a procura crescente de soluções sustentáveis nas indústrias criativas.

A adaptabilidade é uma competência crucial para qualquer designer gráfico que deseje prosperar num ambiente dominado pela IA. Atualmente, as tecnologias emergentes estão a redefinir o panorama do design e aqueles que conseguirem integrar estas ferramentas nos seus fluxos de trabalho não só sobreviverão, como se destacarão num mercado cada vez mais competitivo (Johnson, 2023). Esta secção explora dicas e estratégias práticas para se manter relevante nesta nova era.

Os designers gráficos estão numa posição única para influenciar a forma como as ferramentas de IA são regulamentadas na indústria criativa. De acordo com Rodriguez (2022), "os designers não devem apenas utilizar estas ferramentas, mas também defender políticas que promovam a transparência e a justiça" (p. 22). Isto inclui garantir que as imagens geradas por IA respeitam os direitos de autor e são culturalmente inclusivas.

O aparecimento de ferramentas avançadas de IA conduziu a novas especializações no design gráfico, como o design generativo e a criação de conteúdos imersivos para realidades aumentadas e virtuais. De acordo com Rodriguez (2022), estas áreas emergentes não só expandem as possibilidades criativas, como também criam oportunidades de emprego em sectores como o entretenimento, a educação e o comércio. Por exemplo, um designer especializado em realidade aumentada pode criar experiências interactivas que integram gráficos e elementos do ambiente físico do utilizador, estabelecendo um novo padrão para a interação visual.

Num ambiente em constante mudança, a aprendizagem contínua não é uma opção, mas sim uma necessidade. A rápida evolução de ferramentas como o DALL-E, o MidJourney e o Adobe Sensei exige que os designers não só aprendam a utilizar estas tecnologias, mas também compreendam como estas se integram nos seus processos criativos. De acordo com Fernandez e Lopez (2023), os programas de formação em IA e design gráfico estão a tornar-se cada vez mais comuns nas universidades e nas plataformas de aprendizagem em linha, proporcionando aos designers as competências necessárias para dominar estas ferramentas.

Por exemplo, a compreensão de conceitos como a aprendizagem automática, o processamento de linguagem natural e a geração de imagens pode abrir novas oportunidades de emprego para os designers. Estas competências não só aumentam a eficiência, como também permitem aos designers explorar abordagens inovadoras para a criação de conteúdos visuais.

Outro aspeto fundamental da adaptação é aprender a colaborar com a IA em vez de a ver como um concorrente. As ferramentas baseadas na IA podem automatizar tarefas repetitivas, mas os designers continuam a desempenhar um papel essencial na concetualização, aperfeiçoamento e personalização dos projectos. De acordo com Martinez e Gomez (2022), esta colaboração simbiótica permite que os designers se concentrem nas partes mais estratégicas e criativas do seu trabalho.

Para além das competências técnicas, os designers devem também desenvolver competências transversais, como a comunicação e o pensamento crítico. Estas competências são essenciais para liderar projectos que envolvam várias disciplinas e para interpretar eficazmente os resultados gerados pela IA (Taylor & Green, 2022). Por exemplo, um designer com fortes capacidades de resolução de problemas pode utilizar a IA para enfrentar desafios de conceção complexos, assegurando que as soluções são simultaneamente inovadoras e funcionais.

A IA está a revolucionar os tempos de produção no design gráfico. De acordo com Perez e Ramirez (2023), as ferramentas de design assistidas por IA podem reduzir significativamente os tempos de produção, automatizando tarefas como a seleção de cores, a criação de modelos e a edição de imagens. Por exemplo, o Adobe Sensei pode analisar um projeto inteiro e sugerir ajustes de layout em segundos, permitindo que os designers passem mais tempo na concetualização e menos tempo na execução técnica.

Além disso, a IA está a ajudar os designers a trabalhar de forma mais eficiente em equipas distribuídas globalmente. Ferramentas como o Figma, que integram capacidades de IA, facilitam a colaboração em tempo real, mesmo entre designers em diferentes fusos horários (Lopez e Garcia, 2024).

O futuro da IA no design gráfico promete desenvolvimentos empolgantes, mas também levanta questões sobre a forma como esta tecnologia irá influenciar a criatividade humana. Esta secção analisa as tendências actuais e as projecções a longo prazo para compreender melhor as oportunidades e os desafios futuros.

O design generativo é uma das áreas mais promissoras na utilização da IA para o design gráfico. Através de algoritmos que podem analisar parâmetros definidos pelos designers, a IA pode gerar centenas de opções de design numa questão de segundos. De acordo com Chen (2022), isto não só acelera o processo de criação, como também permite aos designers explorar soluções que, de outra forma, seriam impossíveis de considerar.

Outra tendência fundamental é a personalização em massa. As ferramentas de IA estão a permitir que as marcas forneçam conteúdos altamente personalizados aos seus públicos. De acordo com Wilson (2023), isto é especialmente relevante num mundo em que os consumidores valorizam experiências únicas adaptadas às suas preferências individuais. Para os designers gráficos, isto significa uma mudança para a criação de conteúdos adaptáveis, em que um único design pode ser transformado em múltiplas variações com base nos dados do utilizador.

A IA está também a desempenhar um papel crucial na integração do design gráfico com tecnologias emergentes, como a realidade aumentada (RA) e a realidade virtual (RV). Estas tecnologias oferecem novas formas de interagir com conteúdos visuais, permitindo experiências imersivas que combinam design gráfico, tecnologia e narração de histórias. De acordo com Rodriguez (2022), os designers que dominam estas ferramentas terão uma vantagem significativa em sectores como o entretenimento, a educação e o comércio.

Perspectivas da IA no design gráfico

A atualização constante das competências continua a ser um requisito fundamental para os designers na era da IA. Os programas educativos estão a evoluir para incluir nos seus currículos conceitos como a aprendizagem automática, a análise de dados e o design generativo. De acordo com Martinez e Gomez (2022), 75% dos designers inquiridos consideraram a formação em IA essencial para se manterem competitivos no mercado de trabalho.

À medida que a IA se torna parte integrante do design gráfico, surgem também preocupações éticas e jurídicas. A indústria tem de abordar questões como a transparência na utilização da IA, a proteção dos direitos de autor e a prevenção da utilização indevida das tecnologias. De acordo com Brown (2023), a regulamentação internacional será fundamental para garantir que a IA é utilizada de forma responsável, equilibrando a inovação com a ética.

Em vez de substituir a criatividade humana, a IA tem o potencial de a amplificar, tornando-se um aliado indispensável no design gráfico. Esta secção reflecte sobre a forma como os designers podem tirar o máximo partido desta tecnologia, mantendo a sua essência criativa.

Embora a IA possa automatizar muitas tarefas e gerar conteúdos visuais, falta-lhe a capacidade de compreender o contexto cultural, emocional e social dos projectos. De acordo com Taylor e Green (2022), é por esta razão que os designers humanos continuarão a ser essenciais no sector. A intuição, a empatia e o juízo crítico são competências que nenhuma máquina pode replicar.

A IA está também a democratizar o acesso ao design gráfico, permitindo que pessoas não técnicas criem conteúdos visuais de alta qualidade. Isto não só alarga o âmbito do design, como também incentiva uma maior diversidade de vozes e perspectivas no sector. No entanto, os designers profissionais têm de encontrar formas de se destacarem num mercado em que o acesso a ferramentas avançadas é mais comum (Chen, 2022).

Na era da IA, as competências técnicas já não são suficientes. De acordo com **Fernández e López (2023)**, os designers devem desenvolver uma combinação de competências tecnológicas, criativas e estratégicas para se destacarem. Entre as competências mais procuradas estão:

- **Modelação de dados**: Compreender como os dados alimentam os algoritmos de IA pode ajudar os designers a otimizar os seus resultados.
- **Colaboração interdisciplinar**: Trabalhar com engenheiros de software e cientistas de dados tornar-se-á cada vez mais comum.
- **Ética e sustentabilidade**: Os designers devem estar preparados para avaliar o impacto ético dos seus projectos e garantir práticas responsáveis.

Por outro lado, a transparência será um pilar fundamental para garantir a confiança no design gerado pela IA. De acordo com Taylor e Green (2022), os designers têm a responsabilidade de informar os clientes e o público quando utilizam ferramentas de IA e de explicar como estas contribuem para o processo criativo.

Uma das áreas de maior impacto da IA no design gráfico é a personalização em massa. Atualmente, as marcas precisam de se adaptar rapidamente às preferências individuais dos seus públicos, e a IA permite-lhes fazê-lo através da análise de dados e da criação de conteúdos personalizados. De acordo com Wilson (2023), os designers que aproveitarem estas capacidades serão capazes de liderar projectos que combinam criatividade e relevância em tempo real. Esta tendência também está a moldar a forma como desenhamos para plataformas digitais, onde as experiências visuais personalizadas são cada vez mais procuradas.

Para além da personalização, a IA está a impulsionar o desenvolvimento de tecnologias emergentes, como a realidade aumentada (RA) e a realidade virtual (RV). Estas ferramentas estão a expandir o design gráfico para além das fronteiras tradicionais, criando experiências imersivas que integram o visual e o sensorial. De acordo com Rodriguez (2022), os designers que adoptarem estas tecnologias estarão melhor posicionados para trabalhar em sectores como o entretenimento, a educação e o comércio, onde a inovação tecnológica está a impulsionar o crescimento.

A IA como aliada criativa

Em última análise, o sucesso na era da IA dependerá da capacidade dos designers para se adaptarem e colaborarem com esta tecnologia. De acordo com a Associação Internacional de Design (IDA, 2023), o futuro do design gráfico será um equilíbrio entre a intuição humana e as capacidades técnicas, em que ambos os elementos se complementam para ultrapassar os limites da criatividade.

O desafio não é competir com a IA, mas sim aproveitar o seu potencial para criar designs mais originais, inclusivos e éticos. Os designers que dominam esta relação simbiótica desempenharão um papel central na definição do futuro da indústria.

O futuro do design gráfico na era da IA parece ser uma intersecção fascinante entre a criatividade humana e a tecnologia avançada. Para além da automação e da eficiência, a IA está a redefinir o próprio objetivo do design gráfico: não apenas como uma ferramenta para resolver problemas visuais, mas como um meio de ligar as pessoas de formas mais significativas e personalizadas. De acordo com López e Hernández (2024), a chave do sucesso reside na forma como os designers adoptam esta tecnologia, não para substituir a sua visão criativa, mas para expandir as suas possibilidades e explorar territórios desconhecidos.

Neste contexto, a IA não deve ser vista como um concorrente, mas como um catalisador da inovação. A colaboração simbiótica entre humanos e máquinas pode abrir portas a novas formas de expressão visual, integrando valores como a sustentabilidade, a diversidade e a inclusão. Isto significa que o futuro do design gráfico não será definido apenas pelas capacidades da tecnologia, mas também pela intenção e pelos valores a que os designers decidem dar prioridade. A IA não só amplifica a capacidade criativa, como também apresenta a oportunidade de repensar os limites do que o design gráfico pode alcançar num mundo interligado e em constante mudança.

Conclusões

The New Art of Creating: How AI Redraws Graphic Design destaca a forma como a inteligência artificial transcende o seu papel técnico para se tornar um catalisador que amplifica a criatividade humana. O livro analisa a forma como a IA automatiza tarefas, optimiza processos e amplia as capacidades dos designers, ao mesmo tempo que suscita reflexões sobre ética, autoria e sustentabilidade no design gráfico. Para além dos avanços tecnológicos, o livro sublinha que o valor do design reside na forma como os profissionais integram estas ferramentas para melhorar a sua visão artística e liderar de forma responsável.

O texto recomenda a adoção de uma mentalidade de aprendizagem contínua, equilibrando a utilização da IA com práticas éticas e desenvolvendo competências estratégicas para liderar projectos interdisciplinares. Em suma, o livro defende que a IA não substitui a criatividade humana, mas antes a amplifica, posicionando-se como um aliado fundamental na construção de um futuro em que a inovação e o design se fundem em soluções significativas e transformadoras.

Referências bibliográficas.

Abadía, J. A. (1986). *Historia de la creatividad.* Ediciones Visuales.

Parceiros da Academia (2023). Adobe Sensei e IA no design. Parceiros da Academia.

Parceiros da Academia (2023). Competências essenciais na era da IA. Parceiros da Academia.

Adobe (2022). Adobe Sensei: Reinventar experiências criativas com IA.

Brown, J. (2023). Ética e IA no design gráfico: desafios e oportunidades. *Journal of Digital Creativity, 10*(2), 45-61.

Brown, L. (2023). Propriedade intelectual e IA no design: desafios e oportunidades. *Creative Journal, 45*(2), 112-118.

Cely, C., & Buake, J. (2023). Colaboração criativa entre humanos e IA: uma perspetiva de design gráfico. *Design Thinking Journal, 15*(2), 125-137.

Chaparro González, L. (2024). *Desenvolvimento de uma demonstração de realidade virtual com ferramentas de IA*. Projeto final de curso, Universidade Politécnica da Catalunha.

Chen, H. (2022). Diversidade cultural na conceção de IA. *Journal of Design Ethics, 10*(3), 45-56.

Chen, L. (2022). Design generativo: Ultrapassar os limites da criatividade. *Tecnologia criativa Journal, 18*(2), 99-110.

Deloitte (2020). *O impacto da inteligência artificial no local de trabalho*. Deloitte Insights.

Iniciativa para o Design Ético (EDI) (2023). *Orientação ética para a conceção orientada para a IA*. EDI

Publicações.

Fernández, M., & López, P. (2023). A revolução da IA no design gráfico. *Innovation Press.*

Gómez, A., & Pérez, L. (2021). Quadros jurídicos para conteúdos gerados por IA. *Direito e*

Innovation Journal, 8(4), 56-72.

Gómez, R., & Rodríguez, M. (2023). Efeitos da IA na criação visual. *Revista de*

Technology in Design, 5(4), 125-132.

Goodfellow, I., Pouget-Abadie, J., Mirza, M., Xu, B., Warde-Farley, D., Ozair, S., ...

& Bengio, Y. (2014). Redes adversárias generativas. *Avanços em sistemas de processamento*

de informações neurais, 27, 2672- 2680.

González, M. (2020). Aprendizagem profunda para a manipulação de imagens: oportunidades e desafios.

Journal of Visual Computing, 23(4), 145-158.

Hernández, J., & Torres, M. (2024). A inteligência artificial e a sua integração em fluxos

de trabalho criativos. *Design Futures Quarterly.*

Ferramentas de IA (2023). *Um guia prático para designers na era da inteligência artificial.*

Creative Tools Publishing.

Johnson, K. (2023). Future skills for designers. *Design Studies Quarterly, 15*(4), 78-89.

Johnson, R. (2023). Prototipagem avançada: como a IA está a mudar o design industrial.

Industrial Design Today, 9(1), 45-57.

Kaur, M. (2023). Criatividade colectiva: humanos e máquinas a trabalhar em conjunto. *IA & Design*

Revista, 12(3), 88-102.

Lazo Altamirano, J. E., Condori Quispe, M. Y., & Abarca Rojas, R. J. (2024). Impacto da inteligência artificial no design gráfico. *Revista de Investigação Científica KUTIMUY, 12*(2), 100- 109.

Lee, J. (2022). Os desafios da utilização de dados na formação em IA. *Tecnologia e Ética, 7*(1), 33-45.

Lee, J., & Park, H. (2023). Formação tecnológica para os designers do futuro. *Design Global*

Inquérito.

López, J., & García, M. (2024). O impacto cultural da IA no design. *Arte e tecnologia Revista, 19*(2), 34-50.

Martínez, R., & Dennis, T., Cáceres, A., Gutiérrez, L., & Quiroz, J. (2023). O impacto das ferramentas de IA nos fluxos de trabalho de design moderno. *Creative Innovation Journal, 14*(1), 518-532.

McKinsey & Company (2023). *Redefinindo equipes criativas na era da IA*. McKinsey Relatório digital.

Miller, P., Evans, D., & Carter, L. (2023). AI-driven immersive environments: Virtual and augmented reality in design. *Immersive Design Quarterly, 7*(2), 30-47.

Pérez, S., & Ramírez, J. (2023). Criatividade algorítmica: redefinindo arte e design na era da IA.

Revista de Arte e Tecnologia, 11(4), 34-48.

Rodríguez, A. (2022). Preconceito e inclusão no design orientado para a IA. *Revista Ética nos Media, 8*(2),

78-92.

Rosenberg, D. (2021). Aprendizagem automática no design gráfico: Transformando a criatividade. *Design Revista Tecnologias, 4*(1), 23-39.

Sandoval, R., & Jones, T. (2023). Ética no design algorítmico: Perspectivas para o futuro. *Ethical Design Studies, 11*(1), 22-39.

Santos Tapia, F. D. (2024). Design gráfico automatizado: uma análise crítica por detrás da inteligência artificial. *Eídos, 24*, 81-93.

Schwartz, P. (2021). A história da inteligência artificial no design. *Novos Horizontes no Design, 10*(1), 10-24.

Smith, A., & O'Connor, B. (2023). Rumo a uma carta ética internacional para a conceção de IA. *Conselho Mundial de Ética.*

Taylor, J., & Green, K. (2022). Transparência e responsabilidade na conceção da IA. *Ética Perspectivas, 11*(3), 22-35.

Taylor, M., & Green, E. (2022). Considerações éticas no design orientado para a IA. *Jornal de Design Ética, 15*(2), 23-37.

Veritas, A. (2023). A criatividade na era da IA: desafios e oportunidades. *Design Futures Publicação.*

Wilson, P. (2023). *A IA como colaborador criativo*. Nova Iorque: Design Horizons Press.

Wilson, P. (2023). *Inclusão através da IA no design*. Inclusive Technology Review, 18(5), 66-

78

Printed by Books on Demand GmbH, Norderstedt / Germany